LA CULTURE DE LA VIGNE

DANS L'ANTIQUITÉ

PAR

M. l'abbé J. BEAURREDON

Officier d'Académie.

DAX

IMPRIMERIE TYPOGRAPHIQUE J. JUSTÈRE, Hazael LABÈQUE Successeur

Rues Neuve et Saint-Vincent

1887

LA CULTURE DE LA VIGNE

DANS L'ANTIQUITÉ

PAR

M. l'abbé J. BEAURREDON

Officier d'Académie.

DAX

IMPRIMERIE TYPOGRAPHIQUE J. JUSTÈRE, HAZAEL LABÈQUE Successeur

Rues Neuve et Saint-Vincent

1887

ÉTUDE SOUS FORME DE DIALOGUE

SUR

LA VITICULTURE DANS L'ANTIQUITÉ

Par l'Abbé J. BEAURREDON

Officier d'Académie

INTRODUCTION

— Toujours des bouquins, mon ami ?

— Et pourquoi non ?

— Des latins ou des grecs ?

— Des latins, pour le moment.

— Cicéron ? Tacite ? Suétone ?

— Non ; des agronomes.

— Des agronomes ! Quelle manie ! Quand on a l'honneur de vivre au milieu des splendeurs scientifiques du XIXe siècle, s'attarder à l'étude des radoteurs des anciens âges ! Peut-on concevoir une pareille aberration ?

— Tout doux ! mon ami. Ces radoteurs des anciens âges portent des noms que vous devriez connaître et honorer ; ils s'appellent Caton, Varron, Palladius, Columelle, Pline-le-Naturaliste. Ils sont eux-mêmes les échos de ce que la Grèce a produit de plus illustre par le savoir. Et si vous les ignoriez un peu moins, vous sauriez que, même en matière agronomique, ils méritent que l'on dise d'eux :

« Exemplaria grœca Nocturnâ versate manû, versate diurnâ. »

— Peut-être ! Mais, la chose serait-elle aussi vraie que vous le dites, pourquoi, en fait d'agronomie, de *viticulture* par exemple, ne point nous en tenir à nos auteurs modernes ? Et, puisque j'ai prononcé le mot de *viticulture*, trouvez-moi donc, parmi vos *illustres* de Rome ou de la Grèce, un homme comparable à notre *Docteur Jules Guyot* ! Ancien élève de l'école polytechnique, docteur en médecine, armé de pied en cap de toutes les ressources de la science contemporaine, enrichi de tous les trésors d'une longue expérience personnelle, chargé par le gouvernement français d'examiner et d'étudier sur place les meilleurs procédés viticoles en usage dans notre pays : voilà l'homme qu'il y a profit à consulter quand on veut sortir de la culture routinière et imprimer à nos vignobles, actuellement si éprouvés, des progrès féconds.

— Eh bien, mon cher, je vous y prends. Guyot ne m'est pas plus inconnu que les anciens. Et, la meilleure preuve que je puisse vous en donner, c'est le travail que voici : une étude comparée, sous forme de dialogue, où je mets en présence les procédés de votre docteur et ceux qu'ont prônés et pratiqués mes chers anciens. Lisez ce dialogue, et puis, vous concluerez. Vous y verrez peut-être que mes radoteurs avaient, en somme, quelque grain de bon sens ; que le neuf est quelquefois bien vieux, et que l'humanité trouverait, après tout, son compte, à regarder un peu vers le passé pour faciliter ses progrès de l'avenir.. Cette conclusion se dégagera, je crois, de mon dialogue.

— Un dialogue ! Voilà encore qui est bien rétrograde, mon cher ami : on n'écrit plus en dialogue, de nos jours, excepté dans les romans.

— Soit ; mais, que voulez-vous ? Encore une de mes manies. Je suis de ces *naïfs* qui pensent que si Platon n'a pas dédaigné de traiter en dialogue les plus hautes questions de la philosophie ; Cicéron et Fénelon, celles de l'éloquence ; Fontenelle, celles de l'astronomie ; on peut encore sans se déshonorer comme savant, choisir à leur exemple cette méthode d'enseignement.

Je crois, en outre, que pour beaucoup de lecteurs, la science est bien assez aride et assez peu attrayante, pour qu'on n'ait pas le devoir de l'affubler toujours des vêtements étriqués, compassés et guindés, de la méthode strictement didactique.

J'ajoute que, lorsqu'il s'agit d'une étude comparative entre des idées ou des systèmes divers, la forme dialoguée offre, au double point de vue de la clarté et de l'intérêt, des avantages qui ont leur prix.

— Allons, ami ; vous êtes, je le vois, incorrigible. Donnez votre dialogue, et faisons la paix.

ENTRETIENS SUR LA VITICULTURE

PREMIER ENTRETIEN

Du sol et du plant convenables

Du sol qui convient à la vigne. — Du sable et du tuf por rapport à la vigne. — Qu'il faut choisir les plants lés plus féconds.... — et les plus fins cépages. — Se les procurer, au besoin, par la greffe. — Diverses sortes de greffe.

Dr Guyot.

Puisque vous aimez tant l'ordre logique, cher Columelle, le plus simple est de commencer par le commencement, c'est-à-dire par le *choix du sol.* Quelles sont là-dessus les maximes de l'antiquité ? Quel sol est nécessaire au développement fructueux de la vigne ?

Caton.

Puis-je sans présomption répondre au nom de tous ?

Columelle,

Et qui pourrait vous contester ce droit ? N'êtes-vous pas notre devancier, non-seulement par l'âge, mais encore par vos travaux ? Vous fûtes notre illustre initiateur dans la carrière agronomique ; nous n'eûmes point d'autre gloire que d'y suivre vos pas. Tandis que Athènes comptait déjà dans son sein, et en grand nombre, des écrivains autorisés, qui avaient consacré à l'économie rurale leur docte plume, Rome n'avait encore rien produit de semblable : absorbé par les travaux de la guerre, son génie semblait inhabile à l'étude, si féconde pourtant, des travaux de la paix. C'est alors que, vous étant nourri de la meilleure substance des écrits de la Grèce, vous réussites à doter notre langue de son premier traité sur l'art agronomique... Votre bel exemple eut des imitateurs et l'on vit même un sénatus-cousulte ordonner de traduire, du punique en latin, le grand ouvrage en 28 livres que le général Carthaginois Magon avait composé sur l'agriculture. (1) Le Sénat confirmait ainsi cette remarque mémorable qu'on lit dans vos écrits : « Quand nos ancêtres « voulaient louer un bon citoyen, ils ne croyaient pas pouvoir mieux « faire que de lui décerner le titre de *bon agriculteur* ou de *bon fer-* « *mier* ; c'était pour eux l'expression suprême de la louange. » (2)

(1) Col. livre I chap. I.

(2) Caton, prologue.

A vous donc, notre vrai maître, de parler le premier ; seulement, vos réponses ressemblant d'ordinaire à celles des *oracles*, par le laconisme et par la profondeur, nous serons heureux de les expliquer et de les commenter selon notre pouvoir.

CATON.

Eh bien donc, voici ma réponse : « Il n'est pas de terrain qui ne puisse convenir à la vigne ; ce qui est vrai surtout des raisins rouges. Le tout est d'adapter avec intelligence *le cépage* au *sol* dont on dispose, tel cépage voulant un sol plus gras ou plus compacte ; tel autre, un sol moins riche et plus léger. (1)

VARRON.

C'est bien aussi ma conviction. (2)

COLUMELLE.

La vigne se recommande en effet par la faculté de sa culture. Elle est la seule plante peut-être qui réussisse dans les températures les plus diverses et dans les terrains les plus dissemblables. Car, si l'on excepte les climats glacés et les climats brûlants, vous la voyez grandir et prospérer dans presque toutes les contrées du monde ; dans les plaines et sur les collines ; dans les terres denses et dans celles qui sont friables ; dans les maigres et dans les grasses ; dans les terres sèches et dans celles qui sont humides.

Dr GUYOT.

Quoi ! Vous pensez que les conditions du sol ou du climat sont indifférentes à la vigne ?

COLUMELLE.

Loin de là ; nous disons soulement qu'elle les *tolère* à peu près toutes, quoiqu'elle ait assurément *des préférences. Si quelqu'un peut choisir à son gré*, qu'il se souvienne donc que la vigne se plaît *moins* dans un climat pluvieux, ou froid, ou fécond en tempêtes ; qu'elle veut une terre *plutôt* légère qu'épaisse ; plutôt riche que maigre ; plutôt sèche qu'humide ; plutôt des pentes douces que des côteaux abruptes et escarpés. (3). Elle aime les terrains caillouteux et plus particulièrement ceux que les inondations et les fleuves déposent dans les vallées. (Terrains d'alluvion, palus.) Elle aime les sols crétacés, mais beaucoup moins ces terrains

(1) Varron, de rerusticâ, I, 54 et Caton. 5.
(2) Varron I, 25.
(3) Col. III, 1.

épais où se trouve ce que quelques néologues de mes contemporains appelaient *argilla* (argile)... L'argile pure est tout-à-fait impropre à la viticulture ; car elle possède au suprême degré les inconvénients des terres fortes : elle ne boit pas la pluie et reçoit à peine dans son sein l'action de l'atmosphère ; pendant l'été, elle se fend et donne lieu à des crevasses, par où le soleil pénètre jusqu'aux racines et les dessèche ; pendant l'hiver au contraire, elle se resserre, comprime la plante, l'emprisonne et l'étrangle. Un sol friable est donc préférable de beaucoup. (1)

Quant à *l'exposition*, elle n'est pas non plus indifférente. Bien que nos auteurs ne soient pas absolument d'accord sur ce point, je pense, quant à moi, qu'il est *mieux* de prescrire, en règle générale, l'exposition *du midi*, pour les lieux froids ; et *du levant*, pour les lieux tempérés, pourvu néanmoins que les vignobles soient mis à l'abri des vents régnants. Pour les climats brûlants, tels que ceux de la Numidie et de l'Egypte, l'exposition du *Nord* est la meilleure. (2)

Dr Guyot.

Je suis heureux de me trouver d'accord avec vous sur tous ces points. Je pense notamment, — et je l'ai souvent répété durant ma vie, — que la vigne est *la moins exigeante* des plantes quant à la qualité du sol et qu'un terrain est d'autant meilleur pour elle qu'il est moins compacte et plus friable. J'ai osé même assurer que les sols sablonneux, et à sous-sol aliotique ou de tuf, convenaient *éminemment* à la viticulture, partout où le niveau des eaux est assez bas ; — affirmation qui vous paraîtra peut-être téméraire, comme elle le parut à la généralité de mes contemporains. Ils me traitèrent de rêveur et d'utopiste, quand je leur déclarai que les *Landes*, contrée stérile et sablonneuse, étaient souverainement propres à produire d'excellents vins et que, dûment travaillées, elles pourraient être aisément converties en un vaste *Médoc*, — le pays de ma chère France qui donne naissance aux vins les plus toniques et les plus veloutés. (3)

Columelle.

Cela ne nous étonne en aucune manière ; et certes, vous n'auriez pas trouvé tant de censeurs parmi vos contemporains, s'ils avaient pris le temps de se pénétrer de nos doctrines. N'avons-nous pas enseigné, en effet, *plus de dix-huit siècles avant vous*, que l'aptitude d'un sol pour la

(1) Col. III, 12.
(2) Col. ibid.
(3) Guyot. Culture de la vigne, p. 5-6, et la vigne dans le Sud-Ouest ; passim.

viticulture est en raison directe de sa friabilité, pourvu toutefois qu'il ne pèche ni par excès ni par défaut d'humidité, puisque, dans le premier cas, l'humidité pourrit les racines et que, dans le second, elles meurent de sécheresse. Oui, cher Julius, en feuilletant nos ouvrages, on y aurait rencontré des maximes, telles que celles-ci : « *La meilleure terre* pour « la vigne est la terre sablonneuse, à sous-sol modérément humide. La « meilleure après celle-là, est celle qui, semblable à la première pour la « composition sablonneuse de la surface, *contient du tuf en-dessous*. (1) « — « Quel est l'agriculteur, si ignare qu'il soit, qui ne sache que le « *tuf*, même le plus dur, s'amollit et se délite sous l'action combinée de « la chaleur, de l'air et du froid et qu'il *convient à merveille*, pour rafraî- « chirdurant l'été les racines de la vigne et pour en retenir les sucs nour- « riciers ? Et si le tuf est trop rapproché de la surface, qu'est-ce qui « empêche de l'extraire et de l'épandre sur le sol, puisque, en cet état « aussi, il fait du bien à la vigne, comme tout le monde le sait. » (2)

Dr Guyot.

Combien, hélas ! qui sont encore à l'apprendre, quoique la chimie, science toute moderne, nous ait montré dans le tuf des éléments ferrugineux, très propres à en faire un bon engrais pour les plantes ; et quoiqu'il suffise d'ouvrir les yeux pour se convaincre que les meilleurs vins de France, les vins du Médoć, viennent dans des terrains à sous-sol d'alios, où le tuf se rencontre à 40 et même à 35 centimètres seulement de profondeur ; tant il est vrai que le préjugé et la routine aveuglent les meilleurs esprits ! (3)

Columelle.

C'est bien fâcheux ; car l'agriculture n'est pas seulement affaire d'expérience ; elle est avant tout œuvre *de science*, puisqu'elle n'est au fond que l'application pratique de toutes les sciences naturelles. (4)

Mais ne perdons pas de vue la réponse laconique de notre maître Caton, dont il me reste à expliquer la dernière partie.

Dr Guyot.

Laquelle ?

(1) Col. XIII, 3 « *aptissima* vitibus terra est *arenosa*, sub quâ consistit dulcis humor ; probus, *consimilis* ager cui subest *tophus*. » Voir aussi Col. III. 11.

(2) Quis vel mediocris agricola nesciat, etiam durissimum *tophum* et carbunculum, simul atque sunt confracti et in summo regesti.., putrescre ac resolvi, eosque *pulcherrime* radices vitium per estatem refrigerare, succum que retinere ? Col. III. 11.

(3) V. Les vignobles du Medoc, passim.

(4) Col. I, préambule.

CATON.

Celle qui est relative à l'adaptation convenable du cépage au sol.

COLUMELLE.

Cela veut dire, — comme vous le devinez sans doute, cher Julius, — que parmi les mille variétés que présente la vigne, — variété à larges feuilles, variété à grains serrés, etc., etc... il faut choisir celle dont le tempérament s'harmonise le mieux avec la composition du sol et avec le climat. Ainsi, un viticulteur avisé donnera à un terrain maigre une vigne naturellement féconde ; à un terrain gras, une vigne naturellement peu vigoureuse ; à un sol compacte, une vigne exubérante et riche en bois ; à un sol sablonneux et léger, un cépage à sarments rares. Dans un lieu humide, il évitera de planter des vignes à grains tendres et volumineux ; il fera choix au contraire d'un cépage à grains durs, serrés et à pépins nombreux. Ce sera l'inverse dans un terrain sec. Disons enfin, comme dernier exemple, qu'un climat froid demande une vigne hâtive ; une contrée sujette à la grêle réclame une vigne à feuilles dures et larges, capables de protéger les fruits en amortissant les coups. Ces remarques nous ont paru dictées par le bon sens et l'expérience, (1) ne les approuvez-vous pas, docteur Julius ?

Dr GUYOT.

Elles sont fort exactes, et conformes à la pratique de nos meilleurs viticulteurs.

COLUMELLE.

Le choix du sol et du cépage n'est pas tout ; il faut, en outre, bien choisir le plant. Et ce point mérite une sérieuse attention. Le plant, qui n'est autre chose qu'un sarment, avec ou sans racines, doit réaliser deux conditions : fruit abondant et goût distingué. (2) La distinction du goût dans le vin dépend principalement du cépage ; mais l'abondance du fruit résulte plus particulièrement du *sarment choisi*, c'est-à-dire de son âge et du point du cep où on l'a pris.

Dr GUYOT.

A quel âge, d'après vous, le sarment est-il fécond ?

COLUMELLE.

Sur *bois jeune*, il est fécond dès sa première année ; sur *bois vieux*,

(1) Col. I, 1 et XIII, 3.
(2) Col. III.

il ne l'est qu'à la seconde. A un an, les bourgeons de la première classe ont donc atteint l'âge de la puberté ; ils sont dès lors aptes à la reproduction. Ils ne le sont pas tous néanmoins ni au même degré. Car, parmi les plantes comme parmi les hommes, il y a des individus frappés par la nature de stérilité. Voilà pourquoi il faut choisir avec soin, non-seulement les ceps, mais encore, sur ces ceps, les sarments qui se présentent comme *meilleurs reproducteurs.* (1)

PALLADIUS.

C'est au moment de la vendange que ce discernement doit être fait ; il faut marquer alors avec un mélange de sanguine et de vinaigre les sujets les plus féconds. (2)

COLUMELLE.

J'ajoute que l'observation d'*une seule* vendange ne suffit pas : car, en des années très fertiles, on voit des sarments et des ceps naturellement pauvres se charger de fruits. Il est donc sage de procéder au même examen pendant plusieurs années consécutives. Quatre constatations convergentes suffisent amplement. (3) La précaution que j'indique ici est malheureusement fort méconnue et pour la plupart des vignerons elle ne semble être qu'une onéreuse puérilité, comme si le choix judicieux du plant n'exerçait pas au contraire une influence capitale sur le rendement et la valeur du vignoble futur !... Aussi, qu'arrive-t-il ? Après des commencements heureux, les vignes issues de parents pris au hasard, s'appauvrissent, s'étiolent et, devenues improductives, trompent toutes les espérances qu'on en avait d'abord conçues. Et, ce triste résultat était fatalement inévitable ; car, telle souche, tel rejeton.... De même donc que ceux qui préparent les chevaux pour courir dans les jeux publics, fondent à bon droit l'espoir de la victoire sur l'*excellence de la race* à laquelle appartiennent leurs coursiers, de même un vigneron pourra compter sur d'abondantes vendanges s'il a eu soin de n'emprunter ses plants reproducteurs qu'à des *ceps de choix*, qui auront donné, plusieurs années de suite, des preuves incontestables de leur fécondité. (4)

Dr GUYOT.

Voilà une comparaison aussi belle que juste. Pour la vigne, comme

(1) Col. III. 10.
(2) Pallad. XI. 3.
(3) Col. III. 6.
(4) Col. III.

pour le cheval, ce qui prime tout, — c'est la *qualité* et la *race*. La nourriture et les soins ne viennent qu'au second rang. (1)

COLUMELLE.

Et voilà justement ce qui porte les viticulteurs intelligents à se créer chez eux des *pépinières*, pour le renouvellement ou l'extension de leurs vignobles : car, reçus d'une main étrangère, les plants n'offrent jamais une entière garantie, sans compter que le sol qui leur a servi de berceau peut différer beaucoup trop de celui où ils doivent continuer à vivre. Le changement de sol et de climat est presque aussi dur à la vigne que l'est pour l'homme un changement de patrie. (2) Ce qui est vrai surtout quand elle passe d'un climat plus chaud à un climat plus froid. (3) — Mais quoi qu'il en soit, — je le répète parce qu'on l'oublie trop : « le choix d'un bon plant, c'est presque tout. »

Dr GUYOT.

Oui, le cépage est la base essentielle des vignobles ; car dans *les mêmes crûs*, les vins sont exquis, ou détestables, suivant le cépage employé. Qu'on plante Château-Lafitte en *gamai* ou en *gouais*, et l'on aura un vin des plus médiocres. Au contraire, qu'on porte en Espagne, en Afrique, à Madère... n'importe où, — du Carbenet-Sauvignon, du Franc-Pineau, et on aura des vins qui rappelleront, malgré le changement de terroir et de climat, nos meilleurs vins de Bordeaux et nos plus fins Bourgognes. L'expérience en a été faite, et faite en grand, avec un complet succès... Il est donc faux que le *terroir* soit tout ; il n'est même rien sans le *cépage* ; c'est celui-ci qui *fait le vin* ; à tel point qu'il ne faudrait pas dire : « Vin de Bordeaux ; vin de Bourgogne » — mais « vin de *Carbenet* ; vin de *Pineau.* » (4)

Le choix judicieux du cépage est donc véritablement la *base* du progrès vinicole, le *principe* des bons vins, et la *source* de la richesse du crû. Ce sont là des vérités capitales au triomphe desquelles j'ai consacré bien des années de ma vie. Jugez donc de ma joie, cher Columelle, en vous entendant tout-à-l'heure exposer et défendre les mêmes doctrines !... Pourquoi faut-il, hélas ! qu'elles rencontrent tant d'indifférence ou tant d'opposition parmi mes contemporains ? C'est l'ignorance ou la cupidité

(1) Guyot, p. 62-66.
(2) Col. III. 4.
(3) Col. III. 9.
(4) Guyot, ibid.

qui les aveugle. Pourvu qu'ils aient *beaucoup de vin*, serait-il *détestable* ils sont contents. (1)

COLUMELLE.

Le principal obstacle à la culture des *fins cépages* c'est en effet la persuasion où l'on est communément que la *qualité* et la *quantité* sont choses incompatibles, et qu'on ne peut obtenir un vin meilleur qu'à la condition d'en avoir moins. Or, c'est une grande erreur, contre laquelle on ne saurait trop s'élever. Quant à nous, nous avons constamment enseigné que le plant à choisir devait posséder le double avantage de *produire beaucoup* et de donner d'*excellent vin*. (2) Et quand un cépage ne se recommandait à nous que par sa fécondité, nous lui refusions notre préférence, la seule fécondité à rechercher étant celle des *meilleures espèces*. (3)

Dr GUYOT.

Mon expérience personnelle m'a convaincu de cette importante vérité : oui, l'on peut avoir en même temps « qualité et quantité ». Ce sont les faits qui l'établissent, et non des théories en l'air. Aussi n'ai-je cessé de redire à mes contemporains : « Pourquoi vous obstiner à ne planter que des « gamais « des « gouais » ou d'autres gros cépages ? Ne savez-vous pas qu'ils sont moins généreux, moins hygiéniques, et surtout moins *rémunérateurs* ? Jetez en effet un coup d'œil sur la prospérité prodigieuse des *grands crûs* ; comparez-la à la médiocrité, à la pauvreté relative des gros cépages ; et puis... concluez. (4)

PALLADIUS.

La *qualité* est assurée par le » cépage » ; la *quantité*, par le choix des pieds les plus féconds.

COLUMELLE.

C'est évident. Il faut bien que les enfants ressemblent à leur mère... Or, si peu fertile que soit habituellement un cépage donné, il est immanquable que, sur des milliers de ceps, on en rencontrera quelqu'un d'*exceptionnellement fécond*. C'est de celui-là qu'il faudra tirer les plants, comme je le fis moi-même jadis, dans une circonstance que vous me permettrez de rappeler. Dans un vignoble que je possédais et qui était

(1) Guyot, p. 72.
(2) Col. III. 7 « Docuimus vineas ejusmodi conserere quæ *uberes fructus* afferant et sint pretiosi saporis. »
(3) Col. ibid.
(4) Dr Guyot, p. 64.

anté en « Aminéa » — cépage exquis mais de très faible rendement — remarquai sur un certain nombre de pieds une fécondité considérable. n'eus garde de négliger une ressource aussi précieuse, et quelques nnées après, j'avais un nouveau vignoble d'aminéa, mais aussi remarquable par la quantité que par la qualité de ses produits. (1)

VARRON.

Combien de temps vous fallut-il pour atteindre ce résultat ?

COLUMELLE.

Un autre fait servira de réponse. A l'aide d'un seul cep, admirablement fécond, que possédait mon ami Silvinus, je peuplai en deux ans eux jugera entiers (un demi-hectare environ). Jugez par là de ce que je us faire par la suite avec les plants issus de cette grande pépinière. Vous oyez donc qu'un peu d'intelligence et de bonne volonté suffit pour ubstituer rapidement des cépages exquis à des cépages ordinaires. 'est ainsi que je conseillai de transformer partout en aminéa les vinobles vulgaires de « Biturica, de Basilica, » ou d'autres plants de uantité tout-à-fait inférieure. (2)

Dr GUYOT.

De votre temps, le problème se posait, je le vois bien, comme il se ose de nos jours en France ; et vous lui donniez la même solution... Il 'y a de différence que dans les mots. Vous écartiez de vos vignobles es Basilica et les Biturica, comme nous supplions qu'on écarte des ôtres les « gamais et les gouais ». Et vous plaidiez en faveur de vos aminées » comme nous l'avons fait en faveur des Pineau, des Carbeets, et autres fins cépages. En un mot, la quantité sans la qualité était, vos yeux comme aux nôtres, un leurre, un trompe-l'œil, et un nalheur. (3)

COLUMELLE.

Telle est en effet notre doctrine. Il y a plus de dix-huit siècles que ous avons écrit ceci : « il est aisé d'obtenir, si on le veut, des récoltes ussi abondantes avec des cépages exquis qu'avec des cépages vulgaires. » Ce merveilleux accord entre votre enseignement et le nôtre ne vous frappe-t-il pas ?

(1) Col. III. 9 « Generosas vineas et uberes. »
(2) Col. III. 9.
(3) Dr Guyot, p. 62-66 et passim.

Dr Guyot,

Il me cause autant de surprise que de joie.

Columelle.

Rien pourtant de plus simple à expliquer. Ce sont les mêmes maîtr qui nous ont servi d'éducateurs, je veux dire : l'observation et l'exp rience. La seule chose à regretter, — permettez-moi d'en faire la rema que, — c'est que l'ignorance des doctrines de leurs devanciers oblig les hommes à repasser sans cesse par les mêmes voies et à chercher nouveau, par des labeurs pénibles, des solutions déjà trouvées. I science n'est plus dès-lors qu'une brillante toile de Pénélope, que ch que siècle recommence à son tour. Quelle perte de temps ! Quel préj dice pour l'humanité !

Pline.

N'est-ce point là ce que je vous disais naguère, cher Julius ?

Dr Guyot.

Il est vrai. Ce serait chose plus raisonnable de commencer en tout p l'étude intellectuelle du passé... Mais, laissant de côté ces réflexio pédagogiques, je serais curieux de savoir par quel procédé vous tran formâtes un pied de vigne en un vignoble... Est-ce au provignage qu vous eûtes recours ?

Columelle.

Nullement... La greffe pouvait seule nous fournir un moyen de mult plication rapide, et c'est elle que nous employâmes pour cela. Le sarments fertiles d'*aminées*, furent greffés avec soin sur nos pieds d « Biturica » ou d'Aminées trop peu féconds. Nous infusâmes ainsi un sève plus généreuse dans les ceps de notre pauvre vignoble, qui s'e trouva bientôt tout enrichi et métamorphosé... (1)

Dr Guyot.

Vos souches primitives ne vous servirent donc que de « porte-gre fes » ? Est-ce bien ainsi que vous l'entendez ?

Columelle,

Sans doute. Mais qu'y a-t-il là qui vous étonne si fort ? Ne savez-vou donc pas, tout comme nous, que rien n'est comparable à la greffe pou le peuplement et la transformation rapide d'un vignoble ? (2) Ce qui vou

(1) Col. III. 9.
(2) Ibidem.

urprend peut-être c'est que nous ayons connu ce procédé ; et, dans ce as, vous nous avez crus bien arriérés !

PALLADIUS.

Oui, car, en fait de viticulture, rien de plus élémentaire que la greffe, 'en est vraiment l'a b c d. Je l'ai décrite minutieusement dans mes uvrages, et elle était de mon temps (4e siècle de votre ère ?) universellement pratiquée. (1)

COLUMELLE.

Il y a plus de dix-huit cents ans que j'en ai disserté tout au long. (2)

PLINE.

Et plus de deux siècles avant vous, cher Columelle, notre commun naître Caton en a fait une description claire et succincte. (3)

COLUMELLE.

Et pourtant très complète ; car, on y trouve mentionnés les trois prinipaux procédés en usage, savoir : la *greffe simple* ou par insertion ; la *reffe par aproche,* entre sarments voisins ; et enfin la *greffe latérale,* ou par perforation partielle de la souche. Qu'avons-nous ajouté à cela ? *Des mots*, mais non *des choses*. (4)

PALLADIUS.

N'oublions pas néanmoins que la *greffe par perforation* vous est redevable d'un perfectionnement très important. (5)

COLUMELLE,

D'un *perfectionnement*, je le veux bien ; mais *le fond* de tous ces procédés est le même ; et c'est de notre vénérable initiateur, Caton, que nous l'avons appris.

CATON.

Comme je l'appris à mon tour de mes maîtres, *les Grecs*.

VARRON.

Il est vrai. La justice et la reconnaissance doivent nous faire garder un religieux souvenir d'Hiéron de Sicile ; de Démocrite le physicien ; d'Aristote ; d'Archytas ; d'Agathocle de Chio ; d'Apollonius de Pergame, et de beaucoup d'autres savants qui nous ont précédés dans la carrière.

(1) Pallad. III. 17 et IV. 1.
(2) Col. IV. 29 et XIII. 6.
(3) Pline XIV. 17 et Caton 41.
(4) Caton, 41.
(5) Pallad. III. 17 et Col. IV. 29.

Malheureusement plusieurs de leurs écrits ont sombré dans le fleuve d temps. (1)

PALLADIUS.

De tant d'écrits perdus, il en est un que je regrette particulièrement au point de vue du sujet que nous traitons ; c'est l'étude spéciale, l *monographie*, qu'un de vos contemporains, cher Columelle, avait compo sée sur la « *culture de la vigne.* »

Dr GUYOT.

C'est justement le titre d'un de mes ouvrages.

COLUMELLE.

Et, par une autre coïncidence singulière, cher Julius, l'auteur étai presque votre homonyme ; il s'appelait *Julius* Atticus. (2) J'aurais plus d'une fois peut-être, l'occasion de le citer, dans le cours de nos entre-tiens. En attendant, revenons à la greffe.

Dr GUYOT.

Oui, le sujet en vaut la peine. Veuillez me dire en quelques mots la manière dont vous la pratiquiez.

CATON.

On greffe la vigne au printemps, ou quand elle est en fleur. Voici de quelle manière. Coupez le cep que vous devez greffer ; fendez-le longi-tudinalement par le milieu ; insérez-y le sarment taillé en biseau, moelle contre moelle ; (3)

COLUMELLE,

Puis, on lie avec de l'osier, ou de l'écorce, ou mieux avec du jonc pour assurer la mixtion des sèves ; et l'on achève en enduisant le tou d'un lut spécial, qu'on recouvre de mousse. Le sarment implanté es alors rabattu à un ou deux yeux, afin que les vents et le mauvais temps aient moins de prise. C'est pour cela qu'il vaut mieux choisir les sarments dont les entre-nœuds sont plus petits (4)

CATON.

La seconde méthode n'est applicable que pour deux ceps contigus on coupe en bec de flûte deux bourgeons voisins ; on les rapproche, or

(1) Varron I. 1.
(2) Col. I. 1 « Julius Atticus, de *unâ* specie culturæ pertinentis ad vitis singularum librum scripsit. »
(3) Caton, 41.
(4) Col. IV. 29.

met leurs moelles en contact et on les attache ainsi avec un lien d'écorce. (1)

Dr GUYOT.

C'est bien *la greffe par approche*, si préconisée de nos jours pour la greffe des plantes herbacées et pour la formation de clôtures vives, à mailles inextricables,

CATON.

Voici la troisième méthode. Elle consiste à trouer, en tout ou en partie, avec une tarière, la souche porte-greffe, dans laquelle on insère ensuite un ou même deux bourgeons, convenablement préparés et découpés longitudinalement : les sèves se mélangent par le contact des moelles, et l'on recouvre de lut à l'ordinaire. (2)

COLUMELLE.

Inutile de répéter qu'ici encore, pour mieux nourrir le sarment adoptif, on ravale la souche un peu au-dessus du trou d'insertion.

Dr GUYOT.

Avez-vous essayé d'appliquer à la vigne la *greffe en écusson* ?

PALLADIUS.

Cette greffe nous était aussi familière que les autres. Témoin les deux mots que nous employions presque indifféremment pour la désigner. Nous l'appelions tantôt « inoculation » parce qu'elle consiste essentiellement dans l'insertion d'un œil, ou bouton (oculus), — tantôt « emplastration » du mot « emplastrum, petite cuirasse » parce que d'ordinaire, l'œil transplanté est accompagné d'une petite lanière d'écorce ayant la forme de cette armure. (3)

Dr GUYOT.

Cette même analogie lui a fait donner, dans notre langue, le nom d'écusson, lequel dérive d'écu (scutum) pris dans le sens de « bouclier ».

PLINE.

A regarder la chose de plus près, l'inoculation est l'insertion du *seul bouton*, ou de l'œil sans écorce. Ç'a été sans doute la première greffe pratiquée par les hommes ; et c'est de la nature elle-même qu'ils ont dû l'apprendre, en observant parfois, avec un grand étonnement, le même

(1-2) Caton, 41.
(3) Pallad. III. 17 et V. 4 « persicus *inoculari* potest quo more *emplastratur* ficus ; Pallad. VII. 5.

arbre nourrissant des branches et des fruits de deux espèces différentes, un cerisier venu tout à coup sur un saule, un laurier sur un cerisier, etc. Ils finirent par se convaincre que les oiseaux ou les vents avaient opéré ce prodige, et ils s'attachèrent à les imiter. — L'inoculation et l'emplastration en découlèrent tout naturellement. (1)

Dr Guyot.

Tout cela est fort bien, mais ne répond pas à la question : appliquiez-vous l'écusson à la vigne ?

Palladius.

Pas précisément. Réservant pour *les arbres* l'écusson proprement dit, nous écussonions la vigne par une sorte de procédé *mixte*, moitié ente, moitié écusson,... de la manière suivante : ayant pris un bourgeon muni de trois boutons au moins, et l'ayant aiguisé en forme de coin, on l'insérait sur le porte-greffe. de maniere que le bouton inférieur y affleurât, et fût tourné en dehors, contre l'écorce. Ensuite, on enduisait de lut, et on abritait par une enveloppe quelconque contre les vents et le soleil. Quand la chaleur devenait trop forte, on arrosait, le soir, la ligature, fort légèrement, à l'aide d'un pinceau mouillé. L'œil ayant germé, on donnait un tuteur au nouveau-né et on le débarrassait de ses entraves. (2) J'oubliais de dire que la souche porte-greffe avait été au préalable, non-seulement dépouillée de ses sarments, mais encore rabattue plus ou moins bas, et quelquefois même jusqu'au ras du sol. (3) Mais, véritablement, voilà trop longtemps que je parle, moi le dernier venu dans la carrière viticole, et l'humble disciple des vénérables maîtres qui m'entourent.

Point ne me convient de parler ;
Il ne me sied que d'écouter.

Varron.

Que dites-vous, ô savant trop modeste ! Si les heures rapides nous le permettaient, nous vous prierions au contraire de nous entretenir plus longuement sur ce sujet, que vous avez très spécialement approfondi et qui eut le privilège d'exciter à tel point votre enthousiasme, que vous ne dédaignâtes pas de le *traiter en vers*... (4)

(1) Pline, XVII, 22, 26.
(2) Pallad. IV. 1.
(3) Pallad. IV. 29.
(4) Palladius a composé sur la greffe un petit poëme en vers médiocres ; voilà pourquoi nous nous permettrons de lui attribuer de temps en temps quelques mauvais bouts-rimés.

Dr GUYOT.

En vers !

PALLADIUS.

Oui,.. des vers de laboureur ; des vers âpres et rustiques, dignes d'une main plus exercée à manier la charrue que la plume, et, pour tout dire en un mot, des vers comme il en naît parmi les *bêches et les sillons*. (1)

COLUMELLE.

Ce sont de vrais et bons distiques, qui ne manquent ni de poësie ni de charme.

Dr GUYOT.

Pour moi du moins, ils seraient pleins d'intérêt.

VARRON.

Vous y verriez, entre mille autres choses, que la *greffe de la vigne* fut la première connue et pratiquée. Mais, nous allons laisser à Palladius lui-même le plaisir de vous lire son petit poëme. Car, il est temps, ce me semble, de mettre un terme à ce docte entretien, sauf à le reprendre au jour que vous voudrez bien désigner.

CATON.

Après-demain, amis, à la même heure, si cela vous convient.

TOUS.

D'accord, d'accord... et au revoir.

---

(1) Pallad. Poëme de insitionibus, v. 45 et 11. « Tenues versus... poetœ
« Quem juvat effossi terga movere soli...
« Carmina duros inter formata bidentes. »

www.ingramcontent.com/pod-product-compliance
Ingram Content Group UK Ltd.
Pitfield, Milton Keynes, MK11 3LW, UK
UKHW012310240726
13966UKWH00005B/1775